探秘古代科学技术

神话的故乡
希腊

【美】查理·萨缪尔斯　著
张　洁　译

中国中福会出版社

目录

CONTENTS

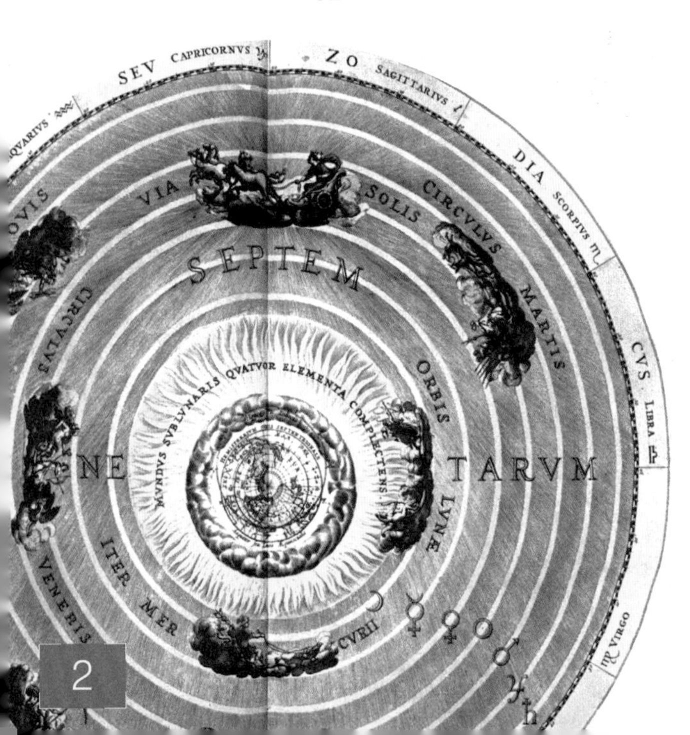

SEV
CAPRICORNVS
ZO
SAGITTARIVS
DIA
SCORPIVS
VIA
SOLIS
CIRCVLVS
SEPTEM
MARTIS
ORBIS
CVS
LIBRA
NE
TARVM
ITER
MER
CVRII
VENERIS
VIRGO

探秘地图

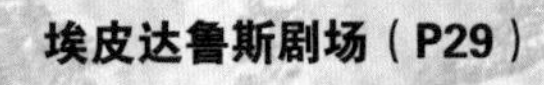

埃皮达鲁斯剧场（P29）

医神神殿（P73）

斯巴达的重装步兵（P58）

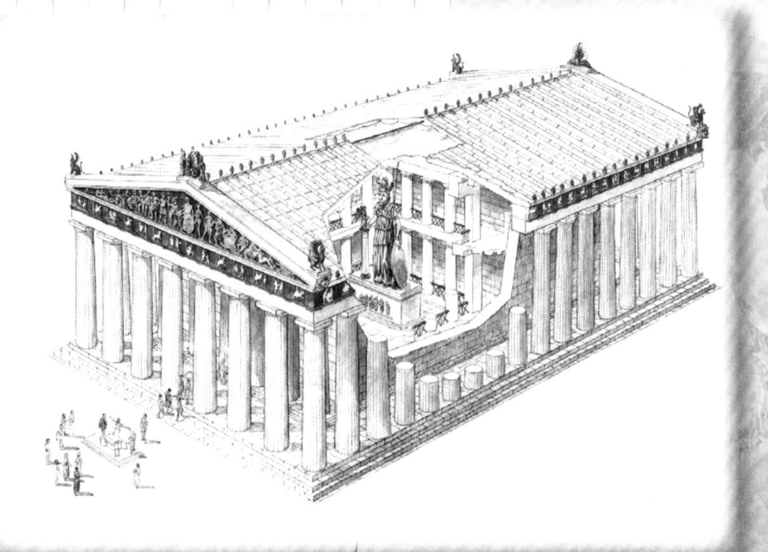
帕特农神庙（P21）

爱琴海中的古代希腊战舰（P52）

克里特岛的管道系统（P9）

这本书主要讲什么？

大约从公元前 1600 年起，古代希腊人就居住在爱琴海地区，直到大约公元前 100 年，罗马帝国吞并希腊。古代希腊人可能是历史上最有好奇心、最爱思考、最有冒险精神、最有创造力和最心灵手巧的民族。尽管科技以很小的步伐一步步发展，希腊的科学家试图理解的是这些事情为什么会发生，他们享受学习的乐趣，将学习视为一种智力的挑战。

殖民地 一个国家在国外侵占并大批移民居住的地区。

城 邦 一种政治单位，由一个强大的城市管理自身和周边领土。

卫 城 希腊语中“上城”的意思，指城市中一个建造在高处的、构筑了防御工程的建筑群。最著名的卫城是雅典卫城。

这个雄伟壮观的建筑是雅典卫城（也称为“上城”）。它是古代世界的建筑奇迹之一。

古代希腊人拥有一套成熟的文字体系，他们记录下研究的成果，特别是哲学和数学的研究成果。

相互敌对的城邦

古希腊并不是一个统一的国家。它是由许多城邦组成的。这些城邦之间相互争斗，但是他们共享相似的文化，也崇拜同样的神灵。两个最强大的城邦是雅典和斯巴达。这两个城邦之间经常发生战争，但在面对外来民族，比如波斯人的威胁时，他们也会联合起来一起抗敌。本书将要介绍的是在古代希腊这个令人瞩目的知识发展时期，取得了哪些最为重要的科学技术的成就。

不可不知的背景知识

古代希腊兴起于一个受到许多早期文明影响的地区，古希腊人采用了这些文明所取得的成果：希腊人在古埃及人发明的莎草纸上书写，希腊的字母文字是借用腓尼基人的字母创造出来的；希腊人采用吕底亚人发明的钱币，并将它改进；他们用大理石建造雄伟的神庙和公共建筑，但是他们的私人房屋是用泥砖建造的，就像居住在这个地区的其他民族一样；希腊人还使用水管，他们懂得干净的水源对身体健康十分重要。

在希腊的青铜时代，克里特岛上的米诺斯人拥有复杂的管道系统，能供应洗澡水。

热爱学习

和其他民族不同，古希腊人热爱学习，他们学习是出于自身的兴趣。为了分享知识，他们在亚历山大城建造了第一座图书馆。他们的理念是要仔细观察世界，这是现代医学和天文学的基础。他们对世界上一些未解之谜的思考，是现代哲学的基础。

莎草纸 古埃及人广泛采用的书写载体，它用当时盛产于尼罗河三角洲的纸莎草的茎制成。

腓尼基人 一个古老的民族，生活在地中海东岸。

吕底亚 小亚细亚中西部一古国。

哲　学 关于世界观、价值观、方法论的学说。

古希腊人在腓尼基字母的基础上加入了一些元音字母，创造了希腊的字母文字。

ΜΟΥΝΙΟ
ΑΛΕΞΑΝ
ΡΩΚΑΛΟ
ΛΟΣΕΒ
ΟΡΑΝΟ
ΚΑΙΕΥ

古代希腊人吃什么？

农业是古希腊经济的基础。古希腊百分之八十的人口都是农民。农耕是很艰苦的工作。希腊的土壤贫瘠，农田大多是在丘陵地区，起伏不平。古希腊人的主食是无花果、葡萄和橄榄。这些农作物都需要大量的光照，但并不需要太多的水分。

古希腊的农民一年耕两次地，分别在春季和秋季。他们的犁是用木头制作的，有时犁尖是用铁制作的。农民在山坡上开凿梯田，以此增加一些他们能够种植的土地。为了改善贫瘠的土壤，他们采用人工灌溉和轮作的方式种植。

这幅图描绘的是一个古代希腊农民正在用牛拉犁耕地。在不远处，人们正在一排排葡萄藤旁边收橄榄。

尽管希腊土壤贫瘠，但是有许多丘陵山地，而且气候干燥，橄榄树在希腊很容易生长。

粮食供应

大麦是最重要的农作物。古代希腊人将大麦种植在一排排的橄榄树中间。鱼类也是日常饮食中重要的组成部分。古代希腊人用青铜制作渔钩来捕鱼。有钱人猎捕野鹿、野猪和野兔。他们打猎的工具是弓箭、捕网和捕兽器。

你知道吗？

1. 橄榄的收取方式是用一种像鞭子一样的枝条拍打橄榄树，直到橄榄果实掉落到地上。

2. 橄榄油可以用于烹饪，也可以直接食用，能作为灯的燃料，它还能制作成肥皂。

3. 古代希腊人通过用脚踩葡萄的方式酿造葡萄酒。这种葡萄酒非常浓稠，需要用青铜过滤器过滤。他们通常用水来稀释葡萄酒。

4. 把葡萄放在太阳下晒干，可以制成葡萄干。

5. 古代希腊的农民养羊，可以挤羊奶，制作奶酪，也能剪取羊毛。

6. 希腊出口葡萄酒和橄榄油。通过出售生产过剩的商品，古希腊成为了一个强大的贸易民族。

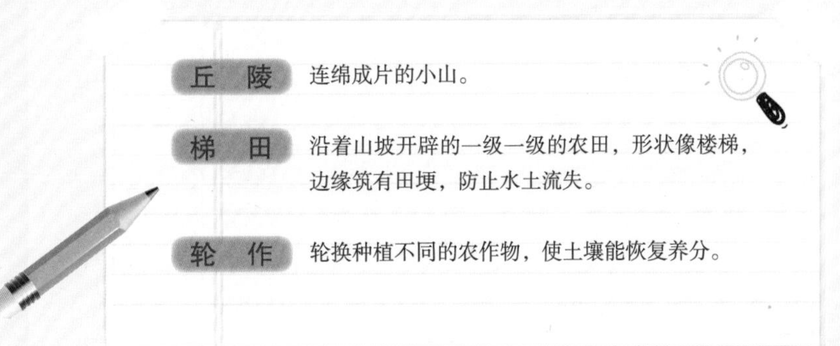

丘 陵 连绵成片的小山。

梯 田 沿着山坡开辟的一级一级的农田，形状像楼梯，边缘筑有田埂，防止水土流失。

轮 作 轮换种植不同的农作物，使土壤能恢复养分。

古代希腊的建筑

古代希腊的民居和公共建筑有非常大的不同。目前保留下来的古希腊住宅建筑遗址非常少，因为这些房屋通常都是用晒干的泥砖建造的。神庙和城邦的重要建筑都是用大理石建造的。因此，许多这样的建筑完整地保留到了现在。

最早的古希腊房屋的样式可追溯到公元前 1800 年左右。这种房屋有一个主要的房间，或是大厅，叫作中央大厅，中央大厅里有一个灶台，还有一些支撑屋顶的圆柱。从公元前 5 世纪起，希腊人围绕露天庭院建造房屋，这样的设计可以使房屋在炎热的夏天保持凉爽。沿着庭院的三边，他们还建造了带顶的走廊，可以遮阴。

餐厅的地板上铺着马赛克石片

奥林索斯的民居

地板

在有钱人的房屋里，地板上镶嵌着马赛克图案。在普通人的房屋里，地板上要么涂一层灰泥，要么根本不做任何装饰。

你知道吗？

1. 希腊人只有在制作门、百叶窗和屋顶时使用木头。因为他们缺少适合建造房屋的木材。

2. 公元前 348 年，马其顿国王菲利浦下令摧毁了希腊的奥林索斯城。在它的废墟里，露出了古希腊民居的遗迹。

3. 奥林索斯城的房屋成排建造，呈网格状。

4. 妇女被排除在公众视线外。她们的活动区域必须尽可能地远离门窗这种面向大街的地方。

5. 用于建造房屋的砖块是用泥巴制作而成的，并放置在太阳下晒干。

马赛克 一种装饰品，将不同颜色的小玻璃片或陶瓷片铺设在一个平面上。

埃瑞克提翁神庙 雅典卫城的著名建筑之一，传说这里是雅典娜女神和海神波塞冬为争做雅典的保护神而斗智的地方。

雅典的帕特农神庙

古希腊人高超的建筑水平体现在他们建造的神庙上。在雅典，那些最雄伟的建筑都建造在卫城上。雅典卫城建造在一个陡峭的山岗上，俯瞰着整个雅典城邦。雅典卫城里最重要的建筑是帕特农神庙，它是为了供奉雅典娜女神而建造的。它的大理石圆柱使它成为公共建筑的典范。

希腊拥有丰富的大理石资源。开采大理石的方式是由石匠将木楔子敲打进岩石中的裂缝，再用水浸泡木楔子。当湿木头膨胀后，大理石就裂开来了。石匠在采石场就将大理石切割成需要的形状，但是要将大理石运到建筑工地后，才会进行细致的雕刻。大理石石块之间拼合得非常好，不需要任何的黏合物。

帕特农神庙

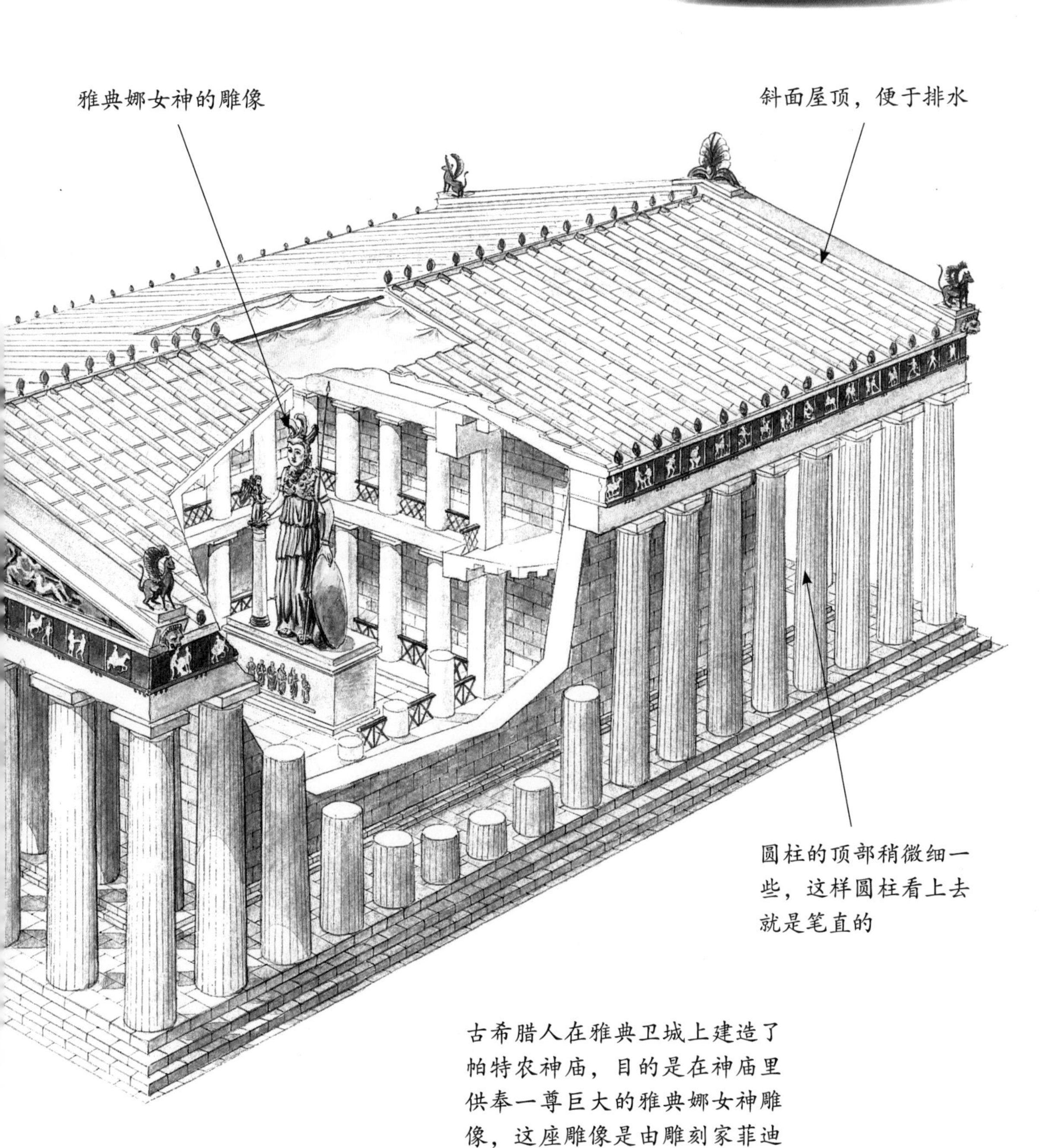

古希腊人在雅典卫城上建造了帕特农神庙，目的是在神庙里供奉一尊巨大的雅典娜女神雕像，这座雕像是由雕刻家菲迪亚斯雕刻的。

希腊人用圆柱在神庙外部建造柱廊。有三种形式的圆柱：多里安式、爱奥尼亚式和科林斯式。

制作圆柱

古希腊建筑以它的圆柱而著称。圆柱是用扁而粗的圆柱形大理石制作而成的。方法是将许多块这样的圆柱形大理石用金属楔子固定在一起，形成柱子，再利用绳子和滑轮将圆柱竖立起来。

你知道吗？

1. 古代希腊人使用天窗。他们用非常薄的大理石制成瓦片，铺在屋顶上，使阳光能穿透进来。

2. 多里安式圆柱柱顶没有装饰；爱奥尼亚式圆柱有一对涡形装饰，样子像弯曲的公羊角；科林斯式圆柱柱顶雕刻着毛茛叶装饰。

3. 古希腊人在帕特农神庙圆柱的设计上利用了一种“光学错觉”。从远处看，笔直的圆柱好像是向外弯曲的。为了纠正这种“错觉”，建造者把圆柱的上半部做得稍微细一些，这样它们看上去就是笔直的。

4. 雨水从神庙屋顶上的喷口排出，这些喷口都被雕刻成动物的头像。

5. 在神庙的正面和背面通常雕刻着装饰性的浮雕带。

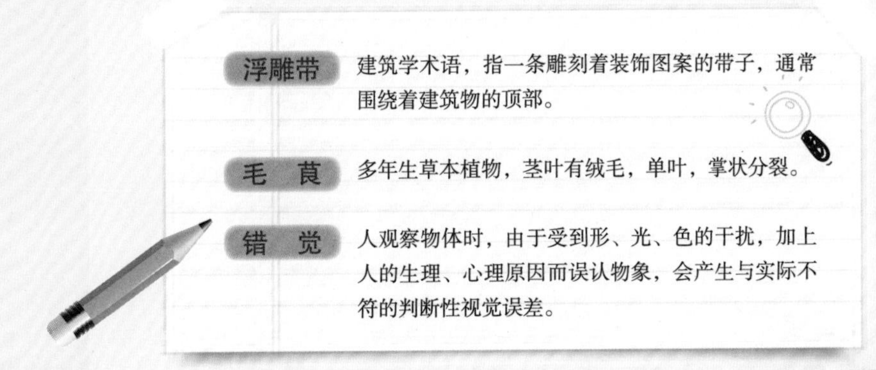

浮雕带 建筑学术语，指一条雕刻着装饰图案的带子，通常围绕着建筑物的顶部。

毛 茛 多年生草本植物，茎叶有绒毛，单叶，掌状分裂。

错 觉 人观察物体时，由于受到形、光、色的干扰，加上人的生理、心理原因而误认物象，会产生与实际不符的判断性视觉误差。

古代希腊的雕塑

古希腊人用雕塑来装饰神庙和其他公共建筑。这些雕塑是用石灰岩、大理石或是青铜制作的。雕塑可以是雕像，也可以是雕刻在建筑物墙面上的浮雕带，雕塑的主题主要有三个：战争、神话或是希腊的统治者。

首先，雕刻家要制作一个同等大小的黏土模型。然后根据黏土模型将大理石凿刻出一个大致的轮廓，再由一位雕刻师傅细致雕刻。最后将大理石表面磨光，给大理石雕塑涂上鲜艳的颜色。

这是一尊用大理石雕刻的阿波罗神像，它雕刻于公元2世纪早期，是一尊更早期雕像的复制品。

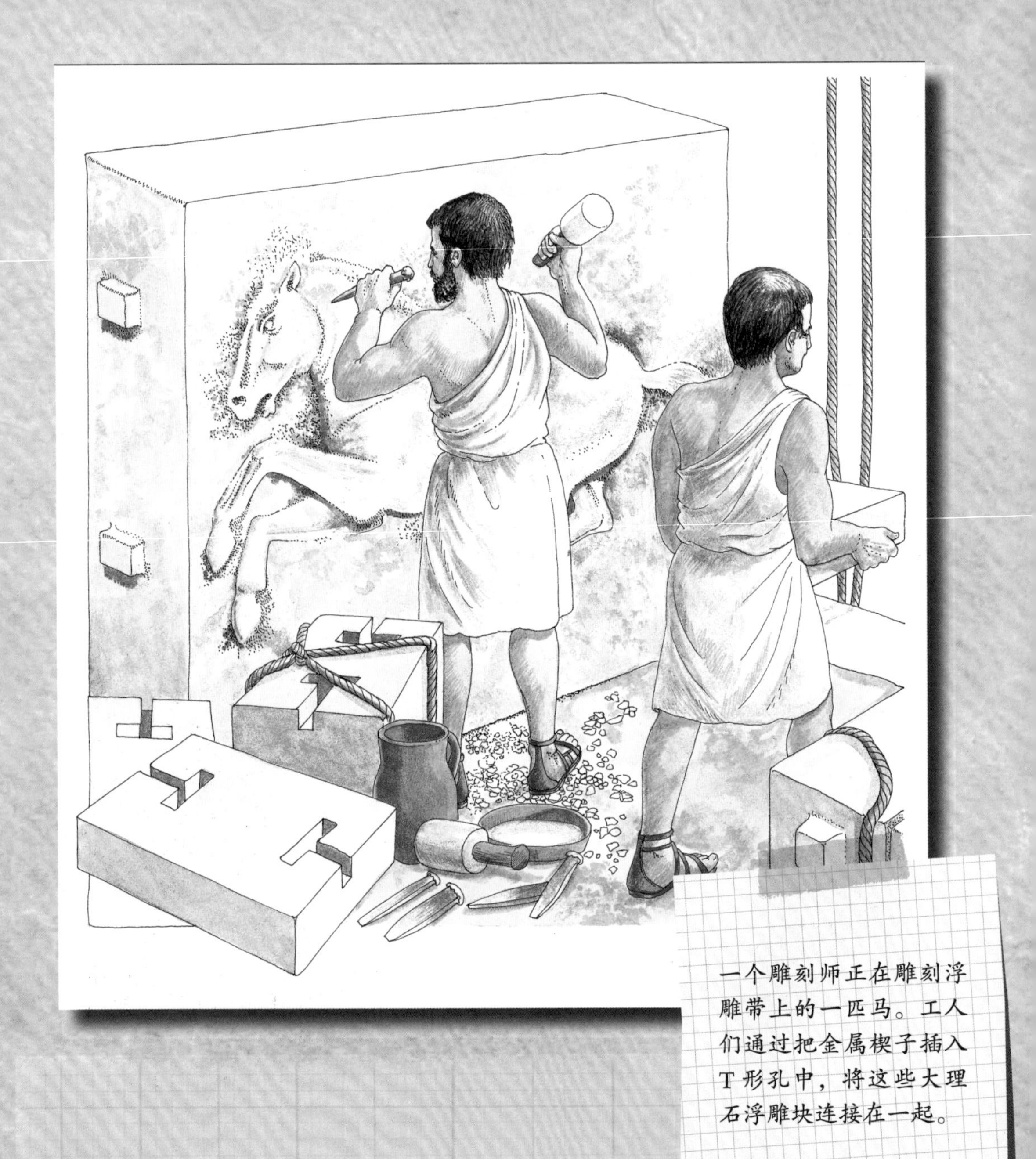

一个雕刻师正在雕刻浮雕带上的一匹马。工人们通过把金属楔子插入T形孔中，将这些大理石浮雕块连接在一起。

青铜雕塑

青铜雕塑是用失蜡铸造法铸造的。先用黏土包裹住一个蜡制雕像模型，然后用火烧烤。黏土模具中的蜡会熔化掉，并从模具中流出来。之后将金属熔化成的液体倒入模具中，等它冷却变硬。最后打开黏土模具，取出成型的青铜雕塑。

你知道吗？

1. 浮雕带是由浮雕组成的一条狭长装饰带，用于装饰神庙的顶壁。

2. 希腊人会给浮雕带涂上鲜艳的颜色，比如雕刻在雅典帕特农神庙上的浮雕带就带有明亮的颜色。

3. 雕塑在完工前要装饰金属配件，比如长矛、剑、缰绳，或是女性佩戴的珠宝等。

4. 青铜雕塑完工前要用玻璃制作眼睛，用铜制作嘴唇，用银制作牙齿和手指甲。

5. 古希腊人将人和神雕刻成同样的大小。男性雕像通常是年轻人，而且是裸体的，这是为了表现古希腊人观念中完美的人体。

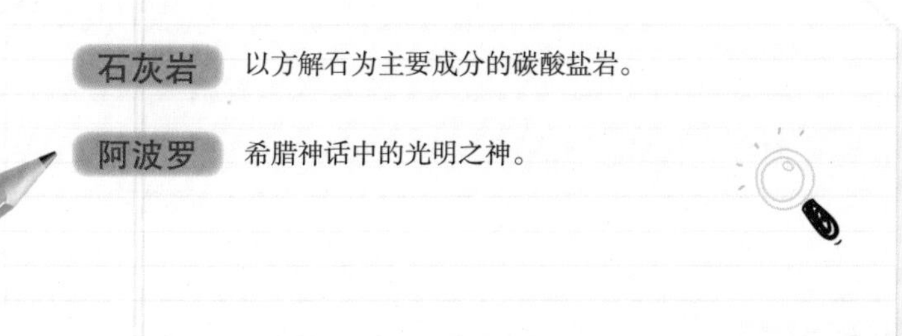

石灰岩 以方解石为主要成分的碳酸盐岩。

阿波罗 希腊神话中的光明之神。

古代希腊的露天剧场

戏剧是古希腊人最伟大的创造之一。“戏剧”这个词指的是在舞台上的活动。几乎每个希腊城邦都有一个剧场，在宗教节日期间上演戏剧，作为庆祝活动的一部分。戏剧包括悲剧和喜剧。在雅典，为纪念酒神狄奥尼索斯而创作的戏剧，和现代戏剧很相似。

希腊人将剧场建造在山坡上。它们的形状像一个马蹄，希腊人在山坡上凿出台阶，作为观众席。剧场最低处的圆形平地是歌队表演舞台，后面是演员表演的舞台。

这个希腊剧场中圆形的空地是歌队表演舞台。歌舞队在这里表演舞蹈。

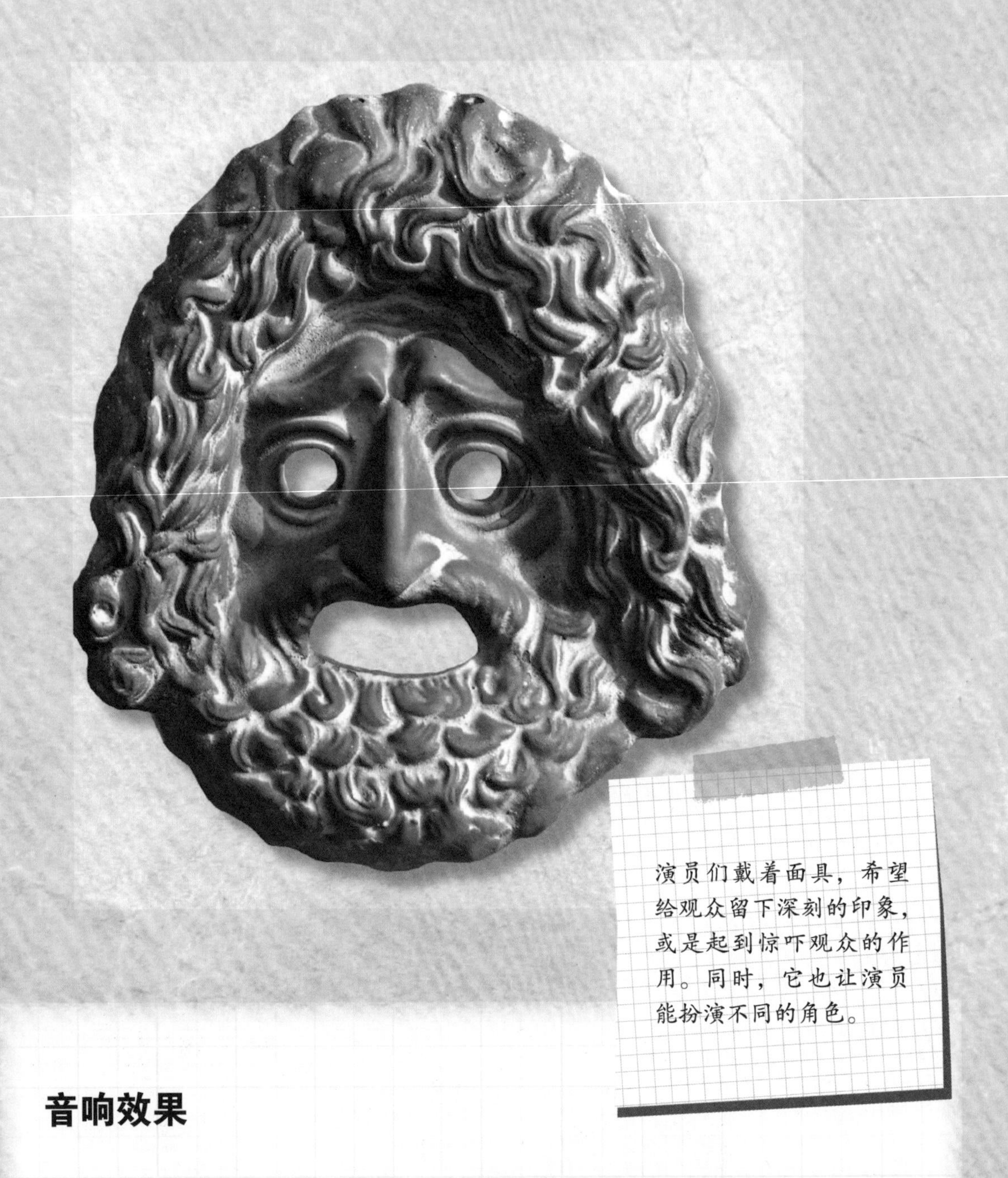

演员们戴着面具，希望给观众留下深刻的印象，或是起到惊吓观众的作用。同时，它也让演员能扮演不同的角色。

音响效果

一个剧场能容纳 18000 个观众。如何确保坐在后排的观众观看戏剧时，听得跟前排的观众一样清楚呢？希腊人利用数学方法，找到了实现最佳音响效果的办法。在埃皮达鲁斯剧场，演员在舞台上演说的声音，通过山坡的碗形效应被放大。埃皮达鲁斯剧场现在仍在使用。

你知道吗？

1. 演员通过一个高高的拱形入口进入歌队表演舞台，这个入口叫作演员通道。

2. 位于前排的座位是用木头制作的，因此它们是可拆除的，后排的座位都是石头。前排最佳的座位是留给官员、贵宾和比赛裁判的。

3. 希腊人用石头代币作为门票，每个石头代币上都标记着座位号。

4. 希腊戏剧中有一些特殊的效果，比如运用起重机（起重升降机）营造出一种演员飞起来的感觉，地板上有活板门，能将演员升到舞台上。

5. 从公元前 465 年起，希腊人将一面布景墙悬挂或竖立在歌队表演的舞台后面。一些关于死亡的场景通常在这个戏台后面上演。因此，现代英语中“场景（scene）”一词就来源于古希腊语的“戏台（skene）”。

悲剧 以表现主人公与现实之间不可调和的冲突，悲惨结局的戏剧。

喜剧 用夸张的手法讽刺和嘲笑丑恶、落后的现象的戏剧，突出这种现象本身的矛盾和它与健康事物的冲突，往往引人发笑，结局大多是圆满的。

歌队表演舞台 在希腊剧场中一个圆形的场地，歌队在这里表演节目。

古代希腊人的科学和知识

古希腊人是最早将哲学从科学中分离出来的。所谓哲学，是指对思想的研究。大约在公元前 6 世纪，希腊人开始仔细观察世界，这使得他们对世界有了新的认识，比如，生病通常是由不良的生活习惯引起的，而不是像以前认为的那样，是由神灵造成的。观察使得希腊人重新思考他们该如何看待这个世界。

尽管古希腊人尝试更多地理解世界，他们却没有很好地记录下自己的发现。因此，历史学家们甚至一度认为，古希腊人对科学不感兴趣。

这幅画是拉斐尔在 1510 年绘制的，名为《雅典学院》，描绘了希腊著名的哲学家们。位于画面正中间的是柏拉图和亚里士多德。

这是希罗发明的蒸汽机。水蒸气从弯曲的管子中喷出，使得球旋转起来。

古代希腊人的发明

现在我们知道这种观点是错误的。比如，希腊人发明了世界上第一台计算机。这个机械装置叫作“安提凯希拉（Antikythera）”，它可能是用来计算太阳和月亮的运动的。希腊人的其他发明还包括蒸汽机和自动售货机。

希腊人热爱知识。公元前 3 世纪，他们在埃及开设了第一座公共图书馆。这座图书馆是亚历山大里亚缪斯神殿的一部分，它是一个早期的研究机构。

你知道吗？

①

1900 年，人们在一艘古代沉船上发现了“安提凯希拉”机械装置。直到 100 多年后，科学家才弄清楚，这是一个由一系列不同尺寸的齿轮组成的计算机。

②

亚历山大里亚的希罗发明了世界上第一台自动售货机。它的作用是在神庙中分发圣水，供刚进入神庙的人洗手。

③

希罗还发明了世界上第一台简单的蒸汽机：将一个装满水的罐子放置在火上，通过两根管子将水蒸气输送到一个空的金属球里，水蒸气再从两根弯曲的管子中喷出来，这样球就能旋转起来。

阿基米德是谁?

阿基米德是世界上最伟大的数学家之一，同时他也是一位多产的发明家，他的一些发明至今仍在使用。为了计算圆形的面积，阿基米德还曾计算圆周率。

阿基米德并不是第一个使用杠杆的人，但他是第一个理解杠杆原理的人。他计算出了移动物体所需要的杠杆的长度。他曾经利用杠杆，自己一个人将一艘轮船从干船坞中抬起，放入海中。

为了保卫锡拉库扎，阿基米德发明了许多兵器，其中一个就是凸透镜。凸透镜能通过聚焦太阳光，点火引燃敌人的轮船。

M
L

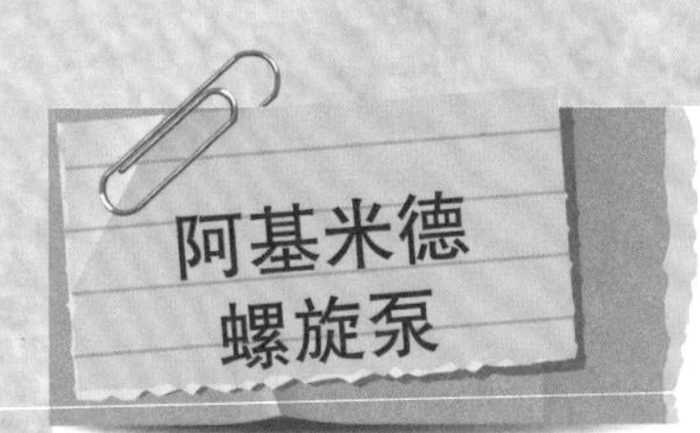

阿基米德螺旋泵是指在一个圆筒里装置着螺旋杆。随着螺旋杆的转动，圆筒内的水位被逐级提升。古代埃及人利用这种螺旋泵从尼罗河中抽水，灌溉农作物。如今，螺旋泵仍在世界许多地方使用。

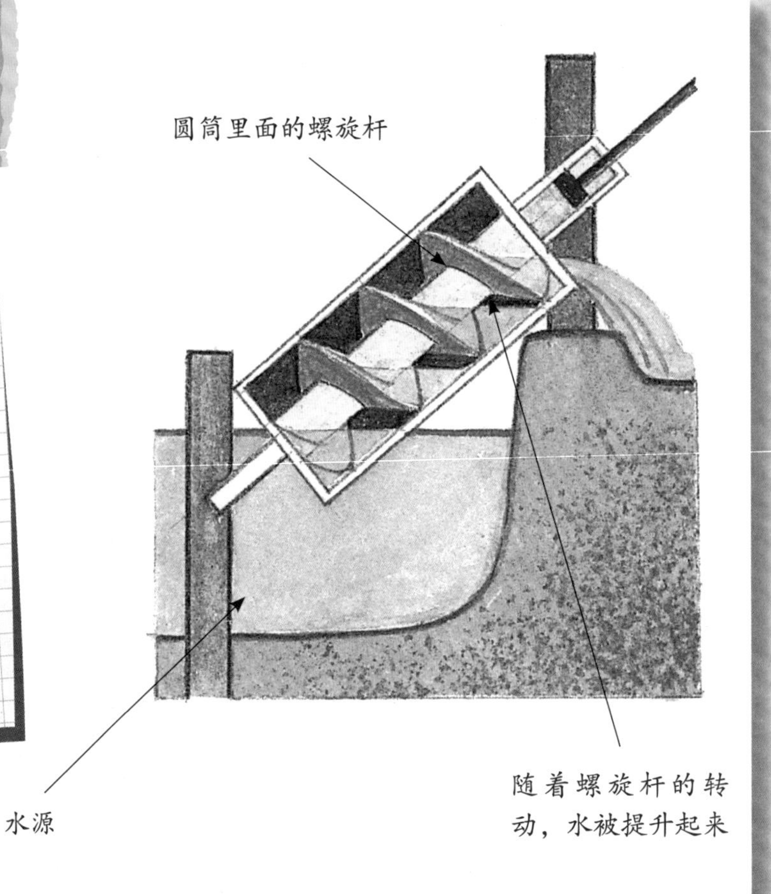

兵器制造技术

为了保卫故乡锡拉库扎，使其免受罗马人的进攻，阿基米德发明了一些兵器。他重新设计了城墙，以便在上面安装起重机。起重机能将巨型圆石投向敌人。他发明的另一种兵器叫“铁爪”，能将敌人的轮船从水里抓起来，并将它们倾覆。

你知道吗？

1. 阿基米德发明的“铁爪”可能是一个带有抓钩的起重机。

2. 据说阿基米德发明了第一辆消防车，它是一辆装满水的运货马车。

3. 有一次，阿基米德坐进放满水的浴盆里，水就往外溢出。根据这个观察，他发现了排量原理，即阿基米德定律。

4. 国王希耶隆担心他的黄金王冠里混入了较为便宜的白银。白银的密度比黄金小得多。因此，阿基米德将王冠和一块同等重量的纯金块放入水中，对水的排量进行比较。王冠排出的水更多，由此，他证明国王被人欺骗了。

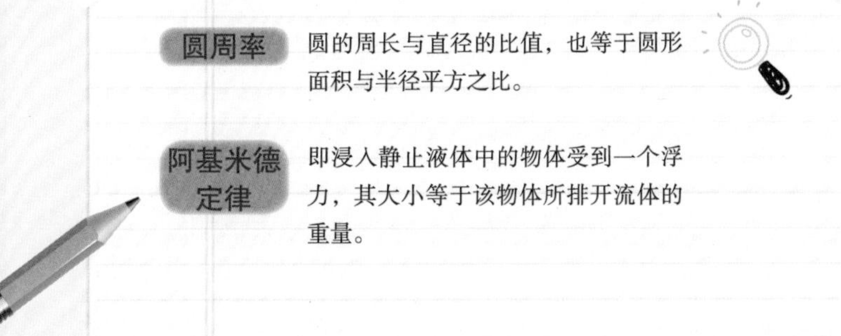

圆周率 圆的周长与直径的比值，也等于圆形面积与半径平方之比。

阿基米德定律 即浸入静止液体中的物体受到一个浮力，其大小等于该物体所排开流体的重量。

亚里士多德是谁?

亚里士多德可能是历史上最有影响力的思想家。他的研究涉及古希腊各个学科，包括政治学、逻辑学、气象学、物理学和神学。他至今仍影响着现代人的思想。人们现在还在使用他发明的暗箱。

亚里士多德试图将哲学从科学中分离出来。他是第一个提出科学应当建立在仔细观察的基础上的人。亚里士多德通过观察在月食过程中，地球投射在月亮上的弧形阴影，证明地球是圆的。

亚里士多德是西方哲学的奠基者。他师从柏拉图，自己则在亚历山大大帝年少时担任过他的老师。

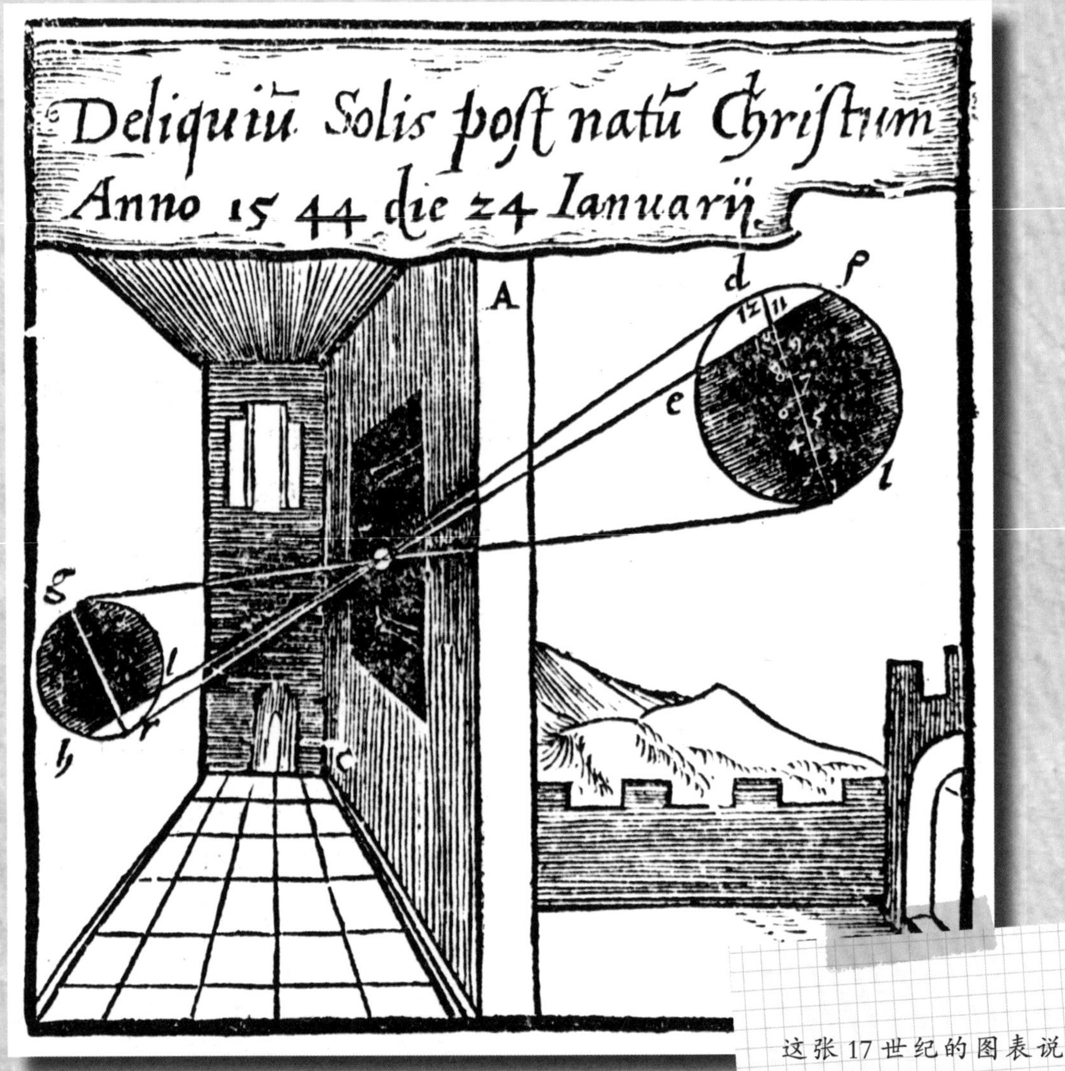

这张 17 世纪的图表说明了亚里士多德发明的暗箱原理，它在墙壁上投射了一幅图像。

定义科学

亚里士多德曾经估算过地球的大小。他观察到，当他去北方或南方旅行时，原来看不到的星星会出现在一边的地平线上，而一部分原本看得到的星星则降到另一边的地平线以下。即使是一段很短的旅行，这样的情况也会发生。这说明地球不是非常大。

你知道吗？

1. 亚里士多德认为物质是由四种元素组成的：土、空气、水和火。天体是由第五种元素“以太”构成的。

2. 亚里士多德认为天体是不变的、完美的，而地球则一直在变化着。

3. 亚里士多德的仔细观察为后来的科学研究设立了标准。他是第一个收集植物标本，并对它们进行分类的人。

4. 暗箱是现代照相机的前身。它是一个一面有小孔的密封箱。光线透过小孔，在密封箱的另一面形成了一个颠倒的图像。这个装置使得人们能安全地观测日食。

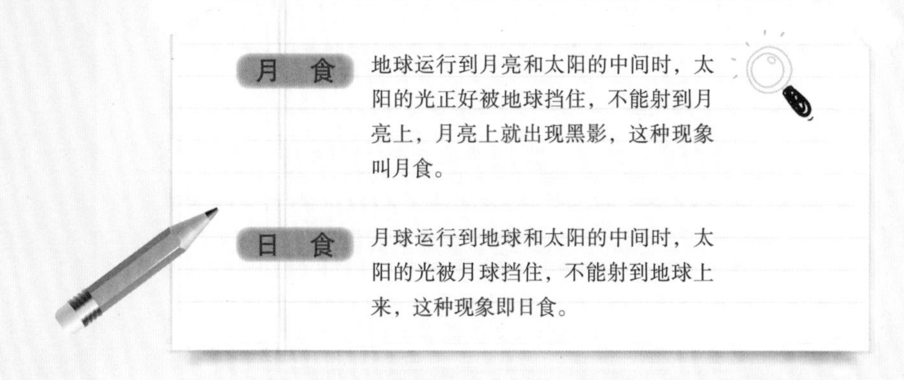

月　食　地球运行到月亮和太阳的中间时，太阳的光正好被地球挡住，不能射到月亮上，月亮上就出现黑影，这种现象叫月食。

日　食　月球运行到地球和太阳的中间时，太阳的光被月球挡住，不能射到地球上来，这种现象即日食。

毕达哥拉斯是谁?

毕达哥拉斯是一位希腊数学家、天文学家和哲学家。他因发现了毕达哥拉斯定理（又称为勾股定理）而著称于世。学生们至今仍在使用这一定理计算面积。

毕达哥拉斯拥有很多信徒。毕达哥拉斯对当时年轻的哲学家柏拉图产生了巨大的影响。同样，柏拉图也影响了后来几代的哲学家。

毕达哥拉斯的信徒们组成了一个毕达哥拉斯学派。他们认为地球是一个星球，它位于星球宇宙的中心。行星都有自己的运行轨道。这些运行轨道分布均匀，并且都围绕着地球旋转。

在这幅中世纪图画里，毕达哥拉斯正在测试大小不同的钟所发出的声音，和装着不同量的液体的玻璃杯所发出的声音。

PYTACORA
16
12
8
6
4

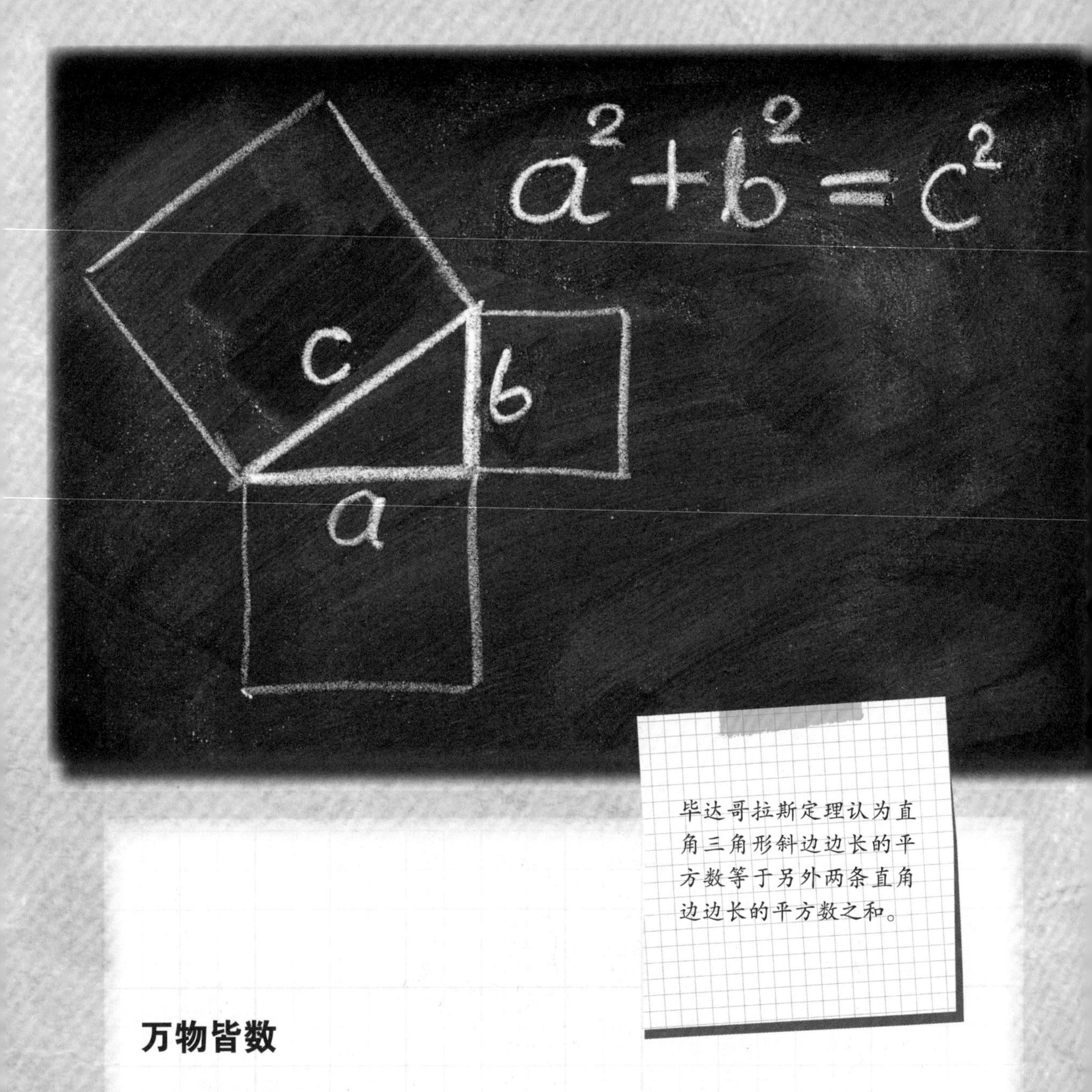

毕达哥拉斯定理认为直角三角形斜边边长的平方数等于另外两条直角边边长的平方数之和。

万物皆数

毕达哥拉斯认为整个世界都能用数来解释。特别是他看到了数和音乐之间的紧密联系。他发现音符之间的间隔能用数学术语表达。除了毕达哥拉斯定理，毕达哥拉斯对科学主要的贡献是，他认识到解决科学问题的答案，通常也会导致新的问题的产生。

你知道吗？

1. 毕达哥拉斯定理是关于直角三角形的边长和面积的定理。苏美尔人和古代中国人也知道这个定理，但是这位希腊思想家证明了它的正确性。

2. 毕达哥拉斯提出了平方数、立方数和球数。当时人们还没有完全理解这些概念。

3. 毕达哥拉斯学派对男性和女性一视同仁，这在古希腊是前所未有的。

4. 毕达哥拉斯本人没有留下任何自己写的作品。所以关于他的一切，我们都是从他的信徒和批评他的人那里了解到的。

古代希腊人使用什么样的交通工具？

希腊本土和岛屿都被海水环绕着。古代希腊的地形多为山地，道路很少。古希腊人主要靠轮船出行。他们在陆上出行主要靠步行。古希腊的思想家苏格拉底有一次从雅典出发，用了五六天的时间，步行到奥林匹亚，这段路程一共长 330 公里。

古希腊人依赖航运，航运不仅使他们能够和许多岛屿往来，还能将商品和殖民者运输到地中海各地。早期的海船船头是弯曲的，有一排船桨。

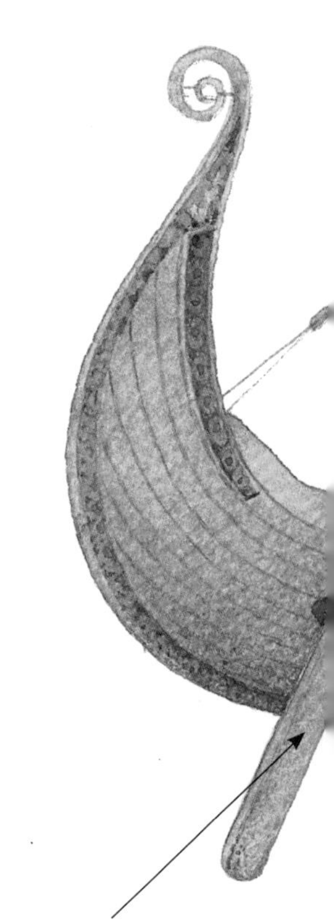
负责掌舵的船桨

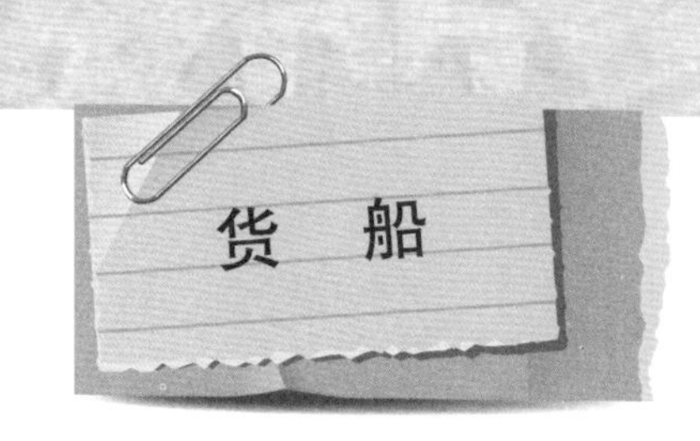
货　船

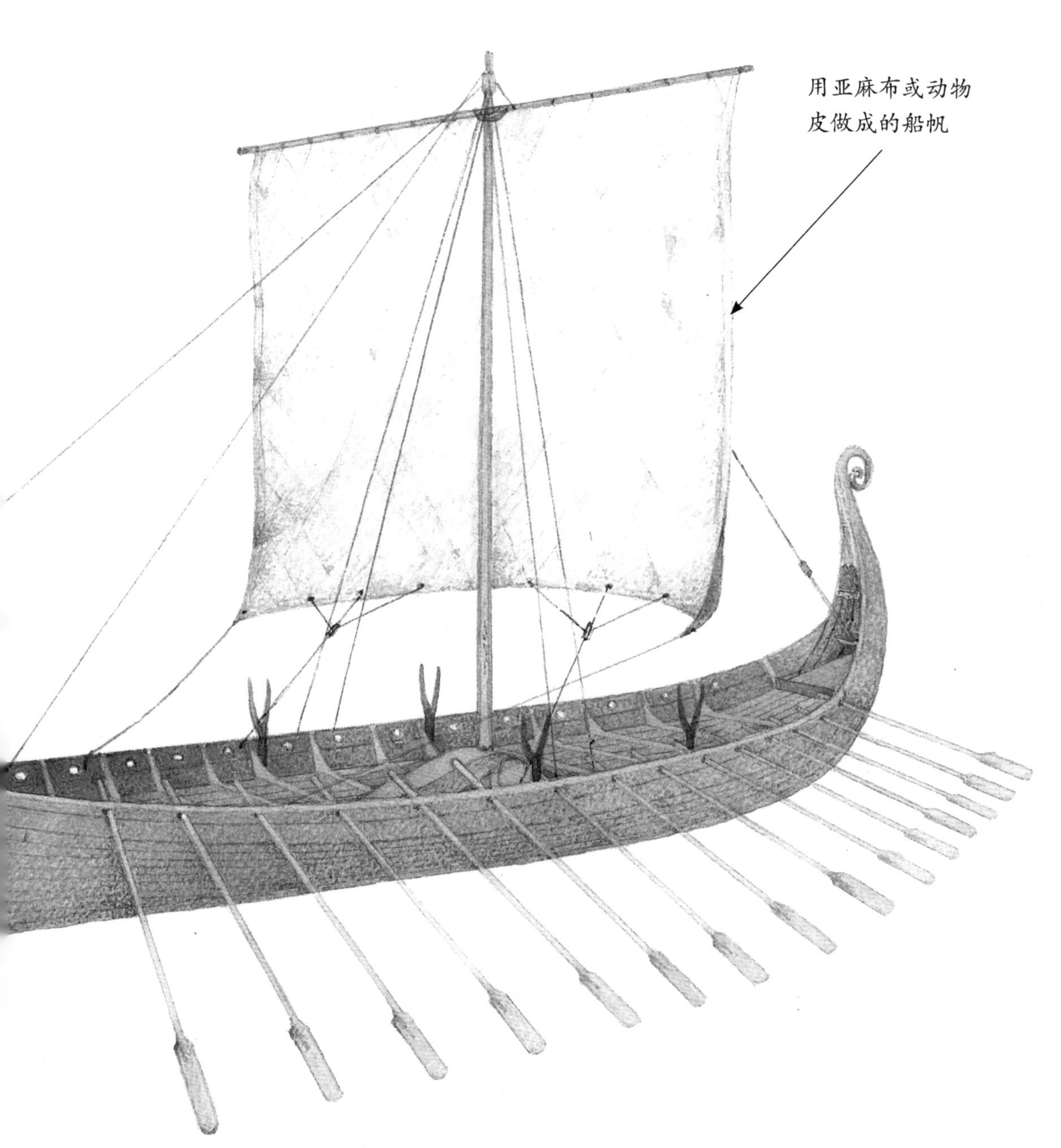
用亚麻布或动物
皮做成的船帆

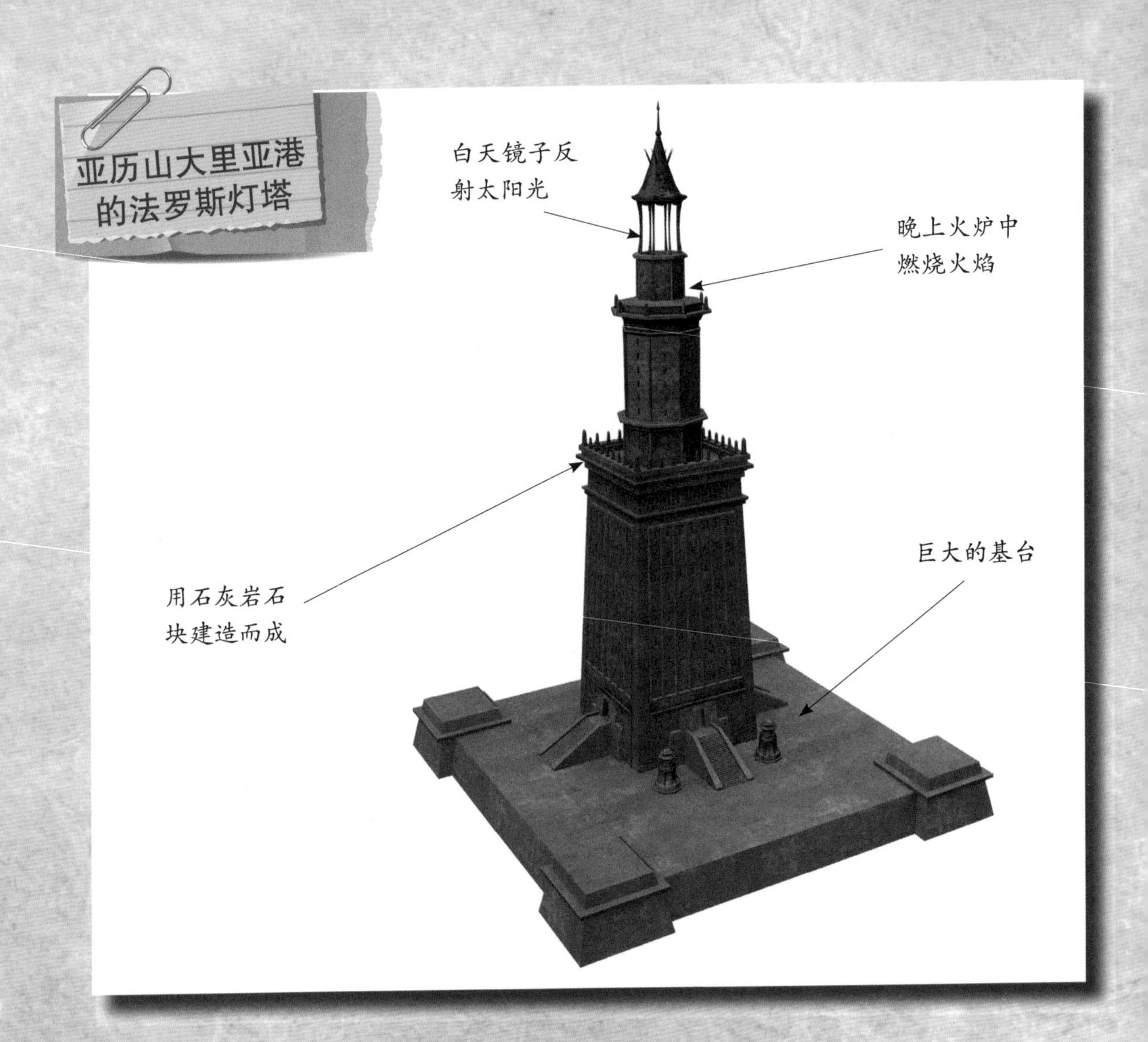

陆上运输

在比雷埃夫斯港口和雅典之间，有一条长 8 公里的乡间小路，通过这条小道，商品在两地之间运输。如果行程较短，人们就使用马车；如果是长距离出行，有些人就骑骡子。古希腊人很少骑马，因为他们没有马鞍、马镫和马蹄。古希腊人建造了一条轨道，叫作 Diolkos，它长 6.4 公里，横穿过科林斯地峡。这是一个重大的工程成就。这意味着人们能拖着小型的战船或是空的货轮横穿过这个地峡，而不需要让它们绕着巴尔干半岛航行。

你知道吗？

① 对于古希腊人来说，海上航行是危险的，因为有海盗、恶劣的天气，还有当时的导航技术也很差。希腊人在亚历山大里亚港建造了世界上第一座灯塔——法罗斯灯塔，它能引导船只安全驶入港口。

② Diolkos 轨道是一条用石灰岩铺设路面的道路。路上有两条相距 1.5 米的平行沟槽，奴隶们推着手推车，手推车的车轮就在沟槽中滚动前行。

③ 古希腊人改进了巴比伦的地图。他们创立了纬度和经度的概念，以及一些主要的纬度线，比如赤道、北回归线以及南回归线。

纬　度 地球表面南北距离的度数，以赤道为0°，以北为北纬，以南为南纬，南北各90°。

经　度 地球表面东西距离的度数，以位于英国格林尼治天文台的一条经线为0°，以东为东经，以西为西经，东西各180°。

赤　道 环绕地球表面距离南北两极相等的圆周线。

回归线 地球上赤道南北各23° 26' 处的纬度圈。一年中太阳直射的范围限于这两条纬线之间，来回移动，所以叫回归线。

古代希腊的战船

雅典是希腊最强大的城邦，它通过海军控制了它的帝国。雅典人将他们的海军称为“木头城墙”。通过控制爱琴海，雅典人能够决定什么样的商品和什么样的军队能够进出岛屿。当雅典的商船装载着食物和奢侈品驶入比雷埃夫斯港口时，战船也能保卫它们免遭攻击。

古希腊人的战船称为三列桨战舰。这种木制帆船由 170 名桨手划桨提供动力。雅典城邦在最强盛的时候拥有 300 艘三列桨战舰。

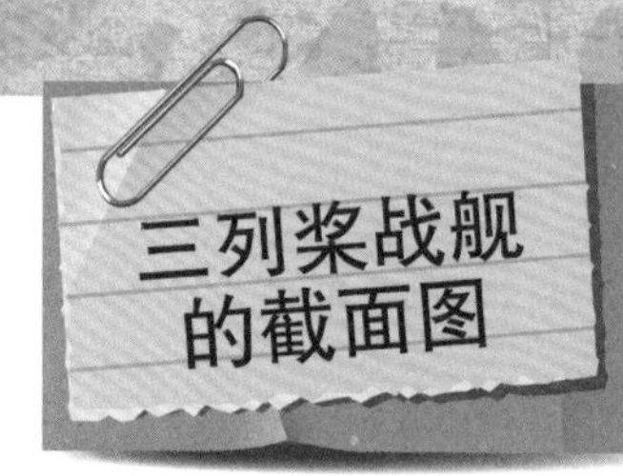
三列桨战舰
的截面图

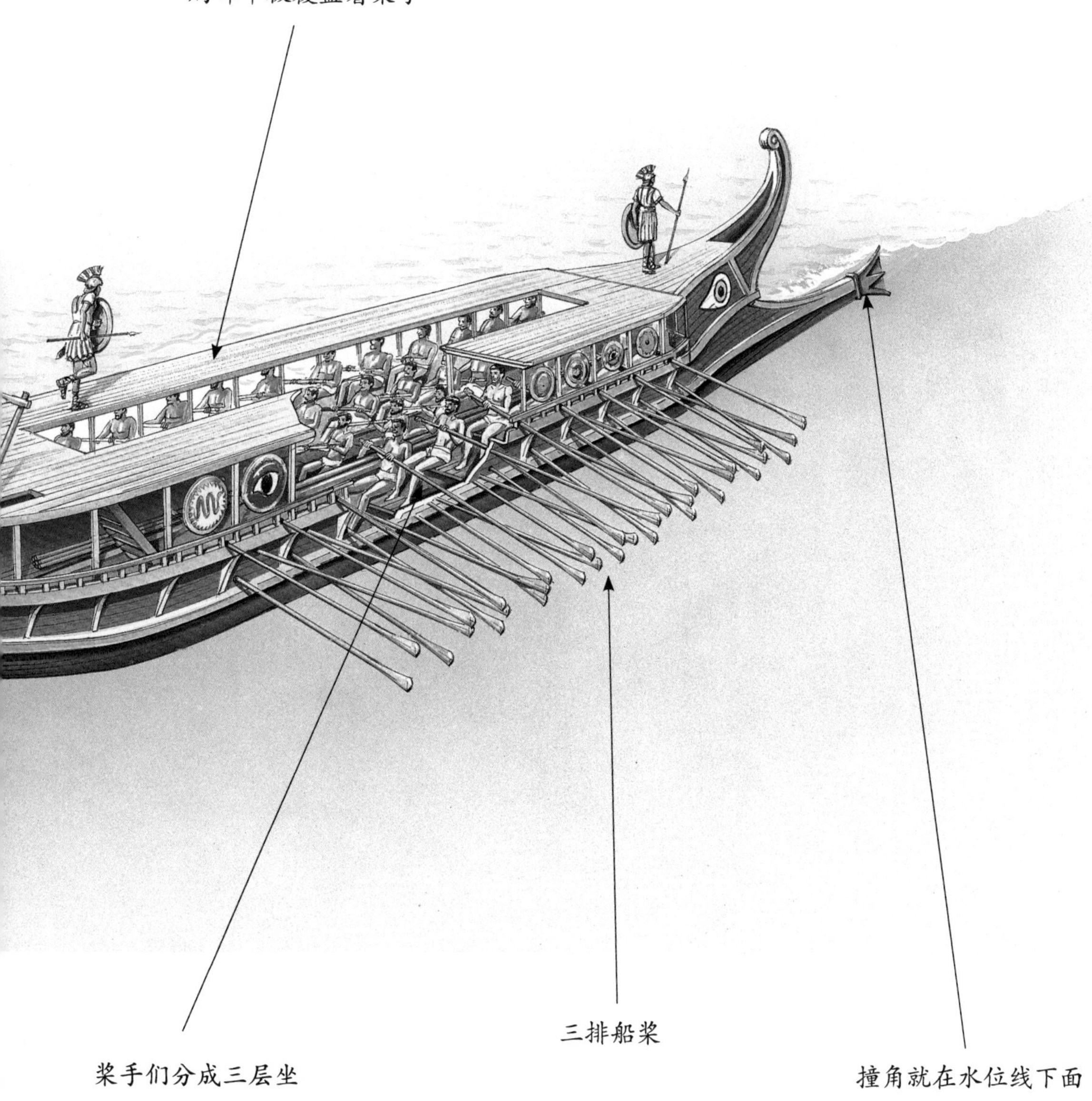
局部甲板覆盖着桨手
桨手们分成三层坐
三排船桨
撞角就在水位线下面

一艘三列桨战舰正在撞击一艘敌船。三列桨战舰的甲板上有一些全副武装的士兵，他们随时准备登陆被撞击过的敌船。

撞击战术

在三列桨战舰的船头，低于水位线的地方，有一个长长的木头撞角，表面用青铜覆盖。三列桨战舰用撞角撞击敌船侧面，以便击沉它。如果敌船没有被击沉，士兵就会登船和敌人作战。水手和士兵用很长的时间进行撞击和登船训练。

你知道吗？

1. 三列桨战舰这个名字的来源，就是因为有三排水手划桨。

2. 从公元前 7 世纪到公元前 4 世纪，三列桨战舰称霸地中海。

3. 有时在三列桨战舰上会有一个吹笛者或是鼓手，他们奏出一连串的拍子，使得撞角能按照一定的节奏进行撞击。

4. 古希腊人主要用三种木头来造船：冷杉、松和雪松。船体通常是用橡木制作的。船只要造得足够轻，以便能够拖上岸。

5. 在适宜航行的条件下，一艘三列桨战舰一天最多能航行 96 公里。

古代希腊人使用什么样的兵器？

古希腊的城邦相互之间经常交战。大部分的希腊男性都参军。在雅典，18 岁到 20 岁之间的男青年要接受军事训练，然后就要应征服兵役。在斯巴达，整个城邦组织都建立在战争的基础上。重装步兵控制了陆地，三列桨战舰则控制了海洋。

在公元前 7 世纪到公元前 4 世纪之间，重装步兵决定着战争的成败。重装步兵都来自于富有家庭，他们自己出钱购买盔甲和兵器。贫穷的士兵通常是弓箭手和投石手。

重装步兵以紧密的编队作战，称为方阵。他们将盾重叠在一起，形成了一堵墙。

斯巴达的重装步兵准备袭击敌人的领土。斯巴达是希腊城邦中最好战的一个。

攻城战术

攻城是战争的一个重要组成部分。军队用投掷武器、喷火器和投石兵来攻击一个建有城墙的城市。防卫者则将大锅里燃烧着的炭和硫黄扔到攻击者身上。

你知道吗？

1. 护胸甲是由两片金属铠甲组成的，两边用皮带连接在一起。上半身的两个侧面暴露在外。

2. 头盔很重要，因为当重装步兵以方阵的形式行进时，他们的头部是暴露在外的。

3. 军事指挥官称为将军（strategoi），是现代英语中“战略（strategy）”一词的来源。

4. 骑兵不愿意冲在方阵前面，因为他们和马都有被长矛刺伤的风险。

5. 一方的方阵通过攻击对方方阵的侧面或是后面，来突破对方的方阵。

6. 盾牌中央还有一个把手，便于重装步兵紧紧抓住它；盾牌边上还有一个圆环，便于重装步兵套在胳臂上，这样更能发挥盾牌的威力。

重装步兵 拥有和重装骑兵一样的盔甲，所有兵种中最强的防御力和最低的移动性，主要用于野战中的防守作战或者缓慢推进。古希腊重装步兵战法是战争史上一次技术层面上的飞跃。

古代希腊的天文学

古希腊人为我们理解天文学、研究天体作出了巨大的贡献。他们最早认识到地球是圆形的，月亮会反射太阳光。他们还认为地球不是固定不动的，并且是围绕着太阳运转的。

公元前 600 年，古希腊的科学家、自然哲学家——米利都学派的泰勒斯（约公元前 624 年—公元前 545 年）访问埃及，他把巴比伦人的天文学知识和数学知识带回了希腊。将数学引入对行星和恒星的研究，这是天文学上的巨大突破。

这个图表描绘的是公元 2 世纪希腊天文学家托勒密提出的太阳系学说。

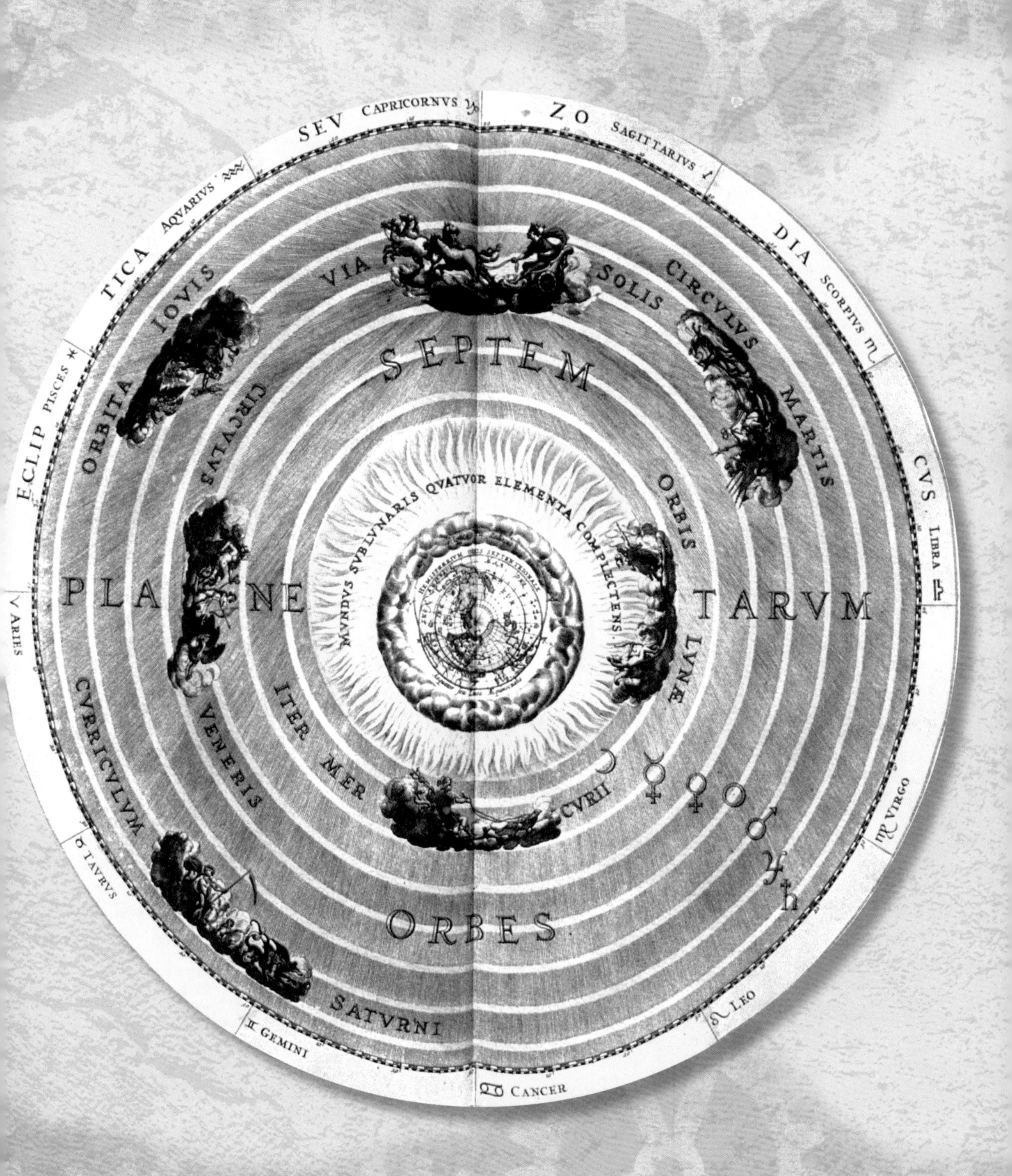
ZO
SAGITTARIVS
DIA
SCORPIVS
CVS
LIBRA
VIRGO
LEO
CANCER
GEMINI
TAVRVS
ARIES
ECLIP
PISCES
TICA
AQVARIVS
SEV
CAPRICORNVS
VIA SOLIS
CIRCVLVS MARTIS
ORBIS LVNÆ
ITER MERCVRII
CIRCVLVS VENERIS
CVRRICVLVM SATVRNI
ORBITA IOVIS
SEPTEM
PLANETARVM
ORBES
MVNDVS SVBLVNARIS QVATVOR ELEMENTA COMPLECTENS

这是一幅中世纪的插图，描绘掌管天文学的女神正在向托勒密传授关于天体的知识。

了解星空

早期希腊人将天体看作是能控制他们生命的神灵。阿那克萨戈拉（约公元前500年—公元前428年）第一个提出太阳不是神灵，而是一个燃烧的金属块。一旦古希腊人不再认为天体是神灵，他们就开始计算行星和恒星的运动。这使得他们能够预测季节的变化，这对于水手和农民是特别有帮助的。

你知道吗？

1. 希腊人了解天体运行的轨道。每个月他们都看到月亮明显地变小和变大，这不是他们想象出来的。他们推断出某个东西正从月亮前面穿过。

2. 天文学家知道水星、金星、火星、木星和土星。

3. 约公元前 3 世纪，萨摩斯的阿里斯塔克斯提出，地球在自己的轴线上旋转，太阳是静止不动的，这两个观点在许多个世纪都被认为是正确的。

4. 约公元前 3 世纪，昔兰尼的埃拉托斯特尼计算出地球的周长是 47000 公里。现在公认的赤道周长是 40076 公里。

古代希腊人怎样测量时间？

古希腊人需要将季节的变化记录下来，这样他们就能知道何时该种植和收割庄稼。公元前 9 世纪，诗人赫西俄德注意到，如果听到迁徙中的鹤鸟的鸣叫，就意味着到了该犁地和播种的时候了。除此之外，每个城邦都有自己的历法。

在这个水钟里，一个浮标在主水箱里缓缓上升，将锯齿棒提升起来，这带动了锯齿轮的转动，锯齿轮的转动又使得钟面上的指针也旋转起来，以此表明过去了多少时间。

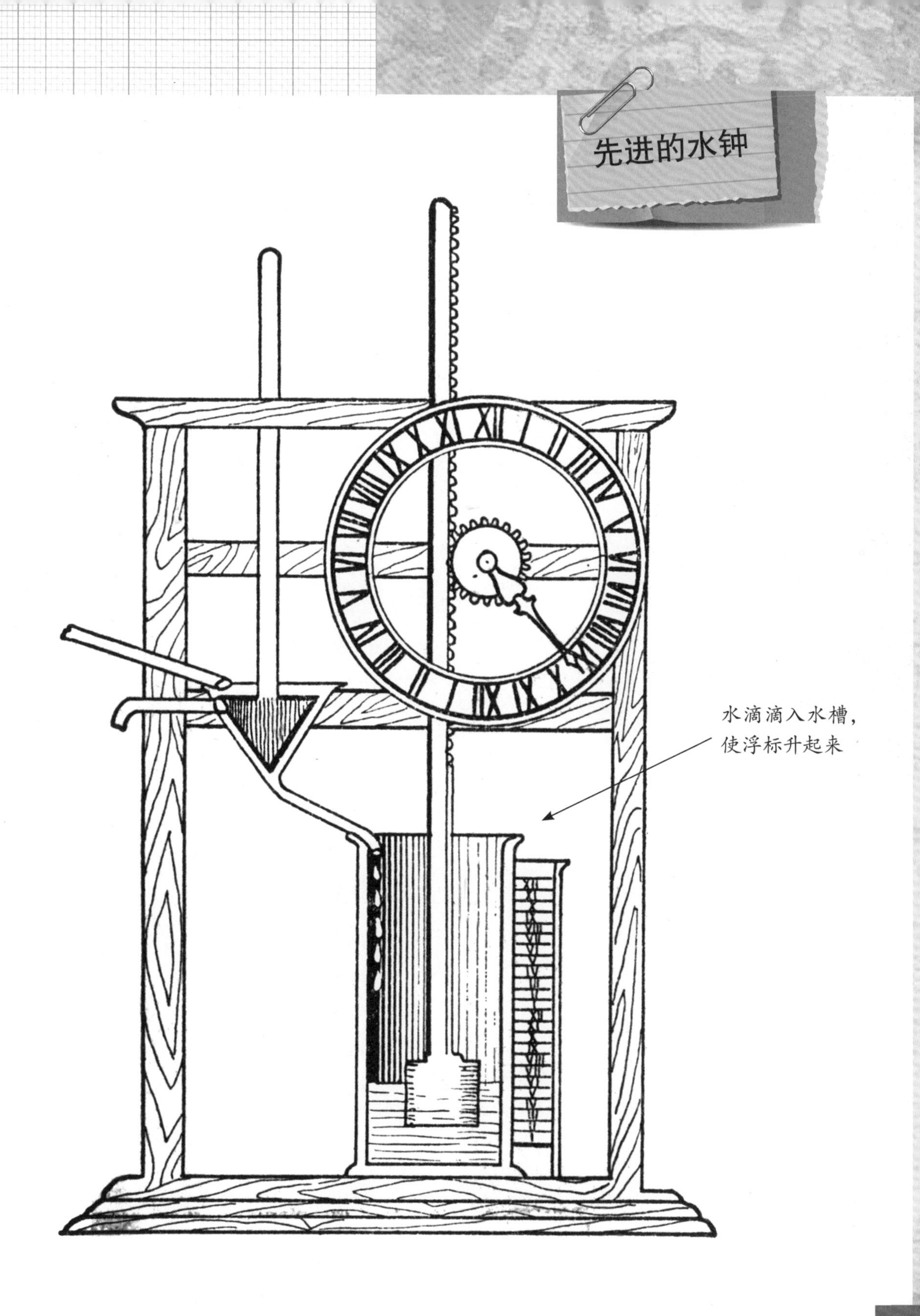
水滴滴入水槽，
使浮标升起来

人们在一艘古代沉船的残骸上发现了“安提凯希拉”机械装置，它制造于公元前100年，是用来计算天体运动的。

测量时间

最早的水钟是带有小孔的陶罐，水从小孔中滴下。不过，在雅典有一个大型的公共水钟，它的外表面上有标记，能显示时间。后来的时钟制作得更为复杂。公元前1世纪，安德鲁尼克斯设计了“风之塔”。在塔顶端的日晷上，有一个复杂的水钟显示时间，同时有一个旋转的圆盘在展示星星的运动以及太阳穿过星座的运行轨迹。

你知道吗？

1. 希腊的一天是指从一天的日落到下一天的日落。而不是像我们现在计算的那样，从一天的半夜到下一天的半夜。

2. 和其他古代文明一样，希腊人白天有 12 个小时，晚上有 12 个小时。

3. 从公元前 5 世纪到公元前 4 世纪中期，古希腊人将一年分成 12 个月，另外每隔 8 年增加一个第 13 个月，达到周期的平衡。

4. 不同的城邦每一年开始的时间也不一样。雅典人有三个历法。第一个是宗教节日的历法，第二个是政治的历法，第三个是天文学的历法。

5. 公元前 270 年，亚历山大的特西比乌斯发明的水钟能利用阀门来使铃铛发出响声，使木偶活动起来，还能使鸟儿唱起歌来。

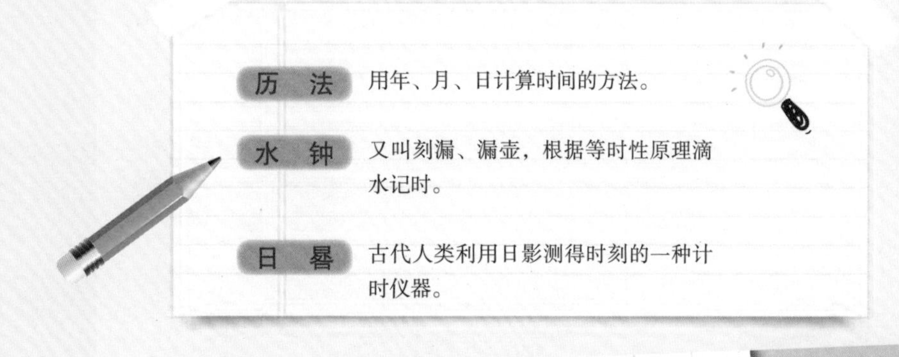

历　法　用年、月、日计算时间的方法。

水　钟　又叫刻漏、漏壶，根据等时性原理滴水记时。

日　晷　古代人类利用日影测得时刻的一种计时仪器。

古代希腊的冶金和造币

早期古希腊人的交易方式是互相交换货物。但是到了公元前 600 年，贸易兴盛，人们普遍采用钱币作为支付方式。最早的钱币是贵金属块。贵金属在希腊很常见。劳瑞姆银矿使雅典变得非常富有。

希腊矿山中的隧道最深可达 100 米，工作环境极其艰苦。奴隶们在矿山中劳动，用镐和铁锤采取矿石。

希腊最早的钱币是用琥珀金铸造的，这是一种金和银的合金。从公元前 6 世纪起，古希腊人普遍用纯银铸造钱币。每个城邦都有自己的钱币。雅典的银币上压印着一个猫头鹰图案。猫头鹰是智慧的象征，也是守卫雅典的女神——雅典娜的象征。

这枚银币是雅典在公元前5世纪铸造的。它的特征是压印着一个猫头鹰图案，猫头鹰是女神雅典娜的象征。

希腊人用青铜制作兵器和盔甲。公元前5世纪，雅典人还用更为坚硬的钢打造剑尖。

早期的钱币

随着流通中的钱币数量不断增加，货币成为工业发展的基础。公元前5世纪晚期，很多人都在货币兑换处和钱庄里工作。

你知道吗？

1 钱币是从小亚细亚的吕底亚引入希腊的。

2 在古代雅典，一个熟练工人一天能挣 1 个德拉克马银币。六分之一个德拉克马银币相当于一个奥波（obol）。

3 公元前 5 世纪末期，出现了价值较低的青铜币。公元前 4 世纪之后，人们才开始使用金币。

4 由于钱币是一个城邦独立的标志，因此每个城邦都有自己的造币厂。

5 希腊的矿山不止劳瑞姆银矿一处，他们还有铁矿、金矿和铜矿。

矿　石　含有天然金属的岩石或矿物。

德拉克马　在古代西方既是重量单位又是货币。作为银币单位，其重量在不同时期和不同地区有所变化，比如早期的雅典 4 德拉克马银币重 17 克多。

古代希腊人怎样治病？

古希腊人在医学方面取得了巨大进步。尽管他们认为疾病可能是由神灵导致的，但是他们已经意识到，一个人的身体状况是他的举止行为、所处的环境和日常饮食共同作用的结果。这种医学上的进步表现在，古希腊人将两种治疗方式结合了起来。第一种治疗方式是以巫术为基础的，第二种治疗方式是仔细检查病人的情况，并想办法使他们健康。

希腊的医神是阿斯克勒庇俄斯，他是阿波罗神的儿子。古希腊的医生在他的神庙里治疗病人。古希腊人一旦生病了，就到阿斯克勒庇俄斯的神庙中过夜，或是在那里供奉献给神灵的祭品。

古希腊人认为，阿斯克勒庇俄斯会在一个“魔法梦境”中出现，在梦境中他会提出一系列治疗的方案，比如草药治疗、饮食控制和锻炼身体。第二天，神庙中的祭司会实施这些治疗方法。

医神神殿的遗址仍矗立在埃皮达鲁斯。蛇被认为是神圣的，因此能在神庙里到处爬行。

一个医生正在检查病人受伤的手臂。医生能接上断肢，但他们尽量避免实施外科手术。

希波克拉底

对阿斯克勒庇俄斯的崇拜导致各种疾病的治疗方法都得到了进一步的发展。最重大的进步出现在希腊化时代。希波克拉底是最有影响力的医生。他是第一个对疾病进行描述的医生，比如杵状指（手指变成紫色是一个肺病的信号）。

你知道吗？

1. 公元前 400 年，希波克拉底写下了医生该如何治疗病人的行为准则。如今，医生在正式行医前仍要宣读希波克拉底誓言。

2. 医生尽量避免实施外科手术，因为他们看到病人在手术后由于惊吓、失血或感染，还是会生病。

3. 希腊是世界上最早在每个城市都建造公共喷泉的国家，公共喷泉能提供干净的水源，干净的水源能使人们保持身体健康。

4. 大约在公元前 700 年，希腊人在克尼多斯开设了最早的医学院。医学生在那里学习观察病人的症状。

5. 在大约公元前 500 年至公元前 450 年之间，阿尔克马翁写下了第一部研究人体解剖的著作，他在克尼多斯的医学院工作。

祭　司　在宗教活动或祭祀活动中，为了祭拜或崇敬所信仰的神，主持祭典，在祭台上为辅祭或主祭的人员。

希腊化时代　这一时期，在经济、文化、政治上，希腊和东方之间互相交流和影响进一步发展。

杵状指　又叫槌状指，即手指外形像棒槌，指端膨大。

古代希腊人怎样制作陶器？

一个雅典制陶工在陶轮上塑造出陶瓶的形状。陶器通常是由不同的人制作和绘画的，就像现代的生产线一样。

要了解 2000 年以前希腊人的日常生活，古希腊的陶器是我们最好的信息来源之一。希腊人在陶器上描绘了各种场景，尽管古希腊的绘画作品和文字作品保存下来的很少，但保留下了很多陶器和陶器碎片。

最早的希腊陶器是用几何图案装饰的。公元前 7 世纪，科林斯的制陶工人开始制作刻画黑色图像的陶器。

用红像陶技术比较容易展示细节，因为黑像陶技术只能描绘出一些轮廓。

陶器的鼎盛期

古希腊的陶器在公元前 6 世纪到公元前 4 世纪的雅典达到鼎盛。黑像陶技术是指，制陶工人用特殊的泥釉将图像画在陶器上，这种特殊的泥釉在烧制过程中会变成黑色。大约在公元前530 年，制陶工人开始采用红像陶技术。此时的陶器是黑色的，但是那些没有用泥釉绘画过的区域，显示的是红色的图像。

你知道吗？

1 比较大的陶器是分成几个步骤，用陶轮制作的。分别将陶器的颈部和主体拉制成型，然后将它们连接起来。最后再装上陶器的足部和把手。

2 古希腊的陶器分三个步骤烧制。第一步，将空气导入窑内。这使得整个陶瓶都变成红色黏土的颜色。第二步，燃烧湿木头，以减少氧气的供应。陶器在烟雾中变成了黑色。最后一步，再将空气导入窑内，此时没有绘画过的区域从黑色变成了红色，绘画过的区域则仍然保持黑色。

3 希腊人制作专门用途的陶器，比如运输食物和酒的容器（双耳细颈椭圆陶罐）、汲水的容器（提水罐）以及饮水器和饮酒器（康塔罗斯酒杯或基里克斯陶杯）。

4 黑色泥釉中的金属釉是用伊利石和泥做成的。伊利石的氧化钙含量低，在当地的黏土层内就能开采到。

古代希腊人怎样制作玻璃？

像古埃及人和古罗马人一样，古希腊人很珍视玻璃器皿。直到他们历史的后期，希腊人才学会吹制玻璃。希腊人最早制作玻璃器皿的方法是砂芯法，后来是滑移法。随着玻璃工匠技术越来越熟练，他们制作出的玻璃器皿尺寸也越来越大。

大约在公元前 3500 年，美索不达米亚人最早用石英砂（硅石）、苏打和石灰的混合物制作出了玻璃。和美索不达米亚人一样，早期古希腊人用砂芯法制作玻璃器皿。他们将热的玻璃混合浆浇灌在用黏土制作的内核上。一旦玻璃冷却了，就把内核挖空。

这些玻璃容器制作于古希腊文明末期，大约是公元 5 世纪。

这个公元4世纪的玻璃小瓶有两个把手，可以抓着把手放到嘴边饮酒。

有色玻璃

后来，希腊人将有黏性的玻璃浆倒入模具中，做出不同的形状。为了制作出五彩缤纷的玻璃，先要在玻璃纤维中加入不同的氧化物，使其呈现出不同的颜色，再用模具将玻璃纤维塑形。希腊人用这种方法制作盘子和珠子，还有像双耳细颈椭圆土罐这样的容器。

你知道吗？

1. 在古希腊，玻璃几乎和黄金一样珍贵。

2. 古希腊语中有三种形容玻璃的术语：kyanos，表示深蓝色的、有光泽的材料；lithos chyte，表示熔化的石头；hyalos，表示日常生活中使用的玻璃。

3. 玻璃在古代迈锡尼文明中就存在，但是目前还没有发现玻璃生产作坊的遗址。

4. 历史学家们认为罗德兹岛上有一个产量很大的玻璃生产作坊。

5. 用来制作马赛克的玻璃是在一个平底、敞开的模具中铸型的，然后再切割成小块。

6. 在希腊化时代，古希腊人将一层层很薄的黄金铺在一层层透明的玻璃中间。工匠们还会制作宝石浮雕，这是一种以深色玻璃为背景，表面用浅色玻璃装饰的工艺品。

迈锡尼文明 希腊青铜时代晚期的文明。公元前2000年左右，希腊人开始在巴尔干半岛南端定居，从公元前16世纪上半叶起逐渐形成一些奴隶制国家，出现了迈锡尼文明。

时间轴

古代希腊

约公元前 1100 年 希腊进入“黑暗时期”。迈锡尼文明衰亡，多利安人和爱奥尼亚人入侵希腊。

约公元前 800 年 希腊人发明了元音，将它和腓尼基字母表中的辅音结合在一起，形成了希腊字母文字。

公元前 776 年 第一届奥林匹克运动会举行。

约公元前 700 年 西安纳托利亚的吕底亚人开始使用金币作为货币。
据说希俄斯的格劳库斯学会了把铁焊接在一起。

约公元前 650 年 三列桨战舰取代了两列桨战舰，成为标准的希腊战舰。

约公元前 600 年 米利都的泰勒斯将巴比伦的数学知识带到希腊。
希腊人用日晷测量时间。
阿尔克马翁写了第一本关于人体解剖的著作。

古代中国

约公元前 1100 年 商纣王暴虐，周文王招纳贤士，诸侯多叛商附周。

约公元前 800 年 此时周朝已形成世系、谱牒的习俗，就是一个姓氏的家族世代相传，并有族谱。

约公元前 776 年 出现中国历史上第一次有确切日期的日食记录。

约公元前 685 年 据说春秋齐桓公时“九九歌（乘法口诀）”已经流行。

约公元前 654 年 鲁僖公参与了测量日影长度的活动，以确定冬至的时间。

约公元前 602 年 黄河第一次大改道。

约公元前 594 年 鲁宣公实行初税亩，即按田亩数征税，为中国土地税之始。

约公元前 585 年 米利都的泰勒斯预测了一次日食。

约公元前 530 年 毕达哥拉斯提出音程是建立在数的基础上的，声音是一种空气的震动。

约公元前 479 年 雅典进入“黄金时代”，这个时期一直持续到公元前 431 年。

约公元前 450 年 雅典的阿那克萨戈拉对日食和月食的起因做出解释，他指出月亮反射太阳光。

约公元前 440 年 用失蜡铸造法铸造青铜器。希波克拉底提出疾病是由自然原因引起的。

约公元前 425 年 据说底比斯人在进攻代利昂时曾使用过喷火器。

公元前 399 年 锡拉库扎的工程师发明了一种投射火焰箭的弹弓，用它来保卫城市。

公元前 387 年 柏拉图在雅典创办了学园。

约公元前 589 年 制成传世青铜器栾书缶，上有错金铭文，是我国最早的错金工艺品。

约公元前 479 年 思想家、教育家孔子卒，他创立的儒家学说，后来长期成为封建社会的统治思想。

约公元前 453 年 《国语》记事最晚止于公元前 453 年，在史料编撰学上首创国别体。

约公元前 444 年 鲁班卒，他创制了石磨、刨、钻等工具，被后世建筑工匠奉为祖师。

约公元前 433 年 青铜器铸造已使用浑铸法、分范合铸法镶嵌花纹、镴焊等技术。

公元前 400 年 出现将生铁铸件柔化处理而成的铁锛和铁镈。

公元前 390 年 墨子卒，《墨子》一书反映了当时几何学在土木工程中的应用。

约公元前 375 年 塔兰托的阿契塔建造了第一个自动机（机器人），他开始研究力学。

约公元前 340 年 克里特岛的普拉克萨哥拉斯发现了静脉和动脉的区别。

约公元前 335 年 亚里士多德在雅典创办了吕克昂学园。

约公元前 330 年 亚里士多德研究暗箱。

公元前 327 年 马其顿的亚历山大大帝开始对外征服战争。

约公元前 300 年 欧几里得写了《几何原本》，许多个世纪以来它都是几何学的权威著作。

约公元前 280 年 亚历山大里亚港的法罗斯灯塔建造完成，它是世界上最早的灯塔。

约公元前 270 年 亚历山大里亚的特西比乌斯发明了一个用机械齿轮提供动力的水钟。

约公元前 375 年 秦立户籍相伍，即把个体小农按五家为一伍编制，是我国户籍制度之始。

约公元前 356 年 商鞅开始变法，奠定了秦国富强的基础。

约公元前 336 年 秦国统一铸造铜币，流通于世。

约公元前 333 年 赵国建成南长城。

约公元前 323 年 楚国大将庄跻入滇，对西南经济文化发展颇有贡献，是西南与内地交往之始。

约公元前 278 年 屈原自沉汨罗江而死，他所创的“楚辞体”是中国古典文学现实主义的源头。

约公元前 272 年 秦沿陇西郡、北地郡北边筑长城。

约公元前 245 年 亚历山大里亚图书馆第一次开放。

约公元前 240 年 昔兰尼的埃拉托斯特尼计算出地球的直径。

约公元前 225 年 阿基米德发明了阿基米德螺旋泵。

约公元前 170 年 帕加马人发明了羊皮纸。

约公元前 134 年 希帕克斯测算出一年的天数，这个数值比他之前的任何人都测算得精确。

公元 45 年 罗马皇帝尤利乌斯·恺撒采用了索西琴尼制定儒略历，一年有 365.25 天。

公元 60 年 亚历山大里亚的希罗建造了第一台蒸汽机，他还描述了许多自动机。

约公元前 246 年 秦国修建引泾水灌溉水利工程的郑国渠，全长 300 多公里。

约公元前 241 年 楚迁都寿春（今安徽寿县），从当地出土的金币来看，贵金属已作为货币流通。

约公元前 238 年 思想家、教育家荀子卒，他提出了“人定胜天”的思想。

约公元前 134 年 汉武帝即位，汉武帝“罢黜百家，独尊儒术”。

公元 44 年 东汉马援南征交趾，缴获大批骆越铜鼓，熔铸为铜马，为当时著名青铜雕塑。

公元 69 年 水利家王景、王吴开始主持治理河、汴的水利工程。

图书在版编目（CIP）数据

神话的故乡：希腊 / (美) 萨缪尔斯著；张洁译. -- 上海：中国中福会出版社, 2015.11
（探秘古代科学技术）
ISBN 978-7-5072-2145-9

Ⅰ. ①神… Ⅱ. ①萨… ②张… Ⅲ. ①科学技术－技术史－希腊－青少年读物 Ⅳ. ①N095.45-49

中国版本图书馆CIP数据核字(2015)第269325号

版权登记：图字 09-2015-816

BROWN BEAR BOOKS A Brown Bear Book
Devised and produced by Brown Bear Books Ltd,
First Floor, 9–17 St Albans Place, London, N1 0NX, United Kingdom

探秘古代科学技术
神话的故乡：希腊

【美】查理·萨缪尔斯 著　　张 洁 译

责任编辑：梁 莹
美术编辑：钦吟之

出版发行：中国中福会出版社
社　　址：上海市常熟路157号
邮政编码：200031
电　　话：021-64373790
传　　真：021-64373790
经　　销：全国新华书店
印　　制：上海昌鑫龙印务有限公司
开　　本：787mm × 1092mm 1/16
印　　张：5.5
版　　次：2016年1月第 1 版
印　　次：2016年1月第 1 次印刷

ISBN 978-7-5072-2145-9/N · 4　　定价 22.00元